AF347360

MEMOIRE

SUR

L'AMÉLIORATION DES LAINES

POUR

LE PERFECTIONNEMENT DES TISSUS,

ADRESSÉ

A MM. LES MEMBRES DU CONSEIL SUPÉRIEUR ET DU BUREAU DU COMMERCE ET DES COLONIES,

PAR RATIEUVILLE FILS AINÉ,

FABRICANT DE DRAPS A ELBEUF.

« Soumis à une multitude d'influences qui naissent de la mobilité des circonstances, le commerce est de tous les intérêts sociaux le plus variable, celui qui veut être observé avec le plus de constance, aidé avec le plus d'à propos. »

Ord. du 6 Janv. 1824. Rapport au Roi.

ROUEN,

F. BAUDRY, IMPRIMEUR DU ROI.

———

AVRIL 1824.

A MESSIEURS

LES MEMBRES DU CONSEIL SUPÉRIEUR

ET DU BUREAU

DU COMMERCE ET DES COLONIES.

Si tout citoyen doit à sa patrie le tribut de son expérience et de ses lumières, c'est surtout lorsqu'il s'agit du commerce, cet intérêt fondamental de nos sociétés modernes, que tout homme instruit par la pratique et l'habitude des affaires doit communiquer au gouvernement ce que lui a appris son expérience et les améliorations qu'il a conçues.

C'est en recueillant ainsi de toutes parts les faits particuliers qui révèlent les besoins généraux de la société, que le pouvoir peut les satisfaire et les garantir convenablement. C'est ainsi que sa vigilance doit être toujours éveillée pour accomplir et servir à propos les nécessités si variables et si mobiles que présente le commerce.

De-là l'établissement du *conseil supérieur du commerce*, heureux emprunt fait à une nation voisine, chez laquelle une institution analogue (*le bureau du contrôle*, en Angleterre) contribue si puissamment au maintien de la prospérité commerciale et du crédit public.

Tous les citoyens, tous les commerçants sont appelés à communiquer à ce conseil leurs vues et les pensées que leur suggère la pratique des affaires commerciales,

afin que le gouvernement soit mis ainsi à portée de
répondre à tous les vœux, de porter remède à tous
les maux, et de satisfaire tous les besoins que les circonstances peuvent faire naître.

J'entreprends de répondre à cet appel qui prouve
toute la sollicitude du gouvernement pour le commerce, en indiquant dans cette note les idées que
mon expérience m'a suggérées dans l'intérêt de nos
manufactures en général et du commerce des laines
en particulier.

La position actuelle du commerce français est connue,
et elle a dû déjà plus d'une fois exercer l'active pré-
voyance du gouvernement qui veille sur nos destinées,
et qui sait qu'il ne suffit pas de procurer au jour le
jour la prospérité nationale, et que c'est pour l'avenir
aussi qu'il faut préparer des ressources.

De belles apparences, une inquiétante réalité, telle
est en deux mots notre situation commerciale.

Les causes en sont faciles à saisir.

L'élan communiqué à l'industrie française, à la fin
du siècle dernier, a porté nos produits au plus haut
degré de perfection. La France, tributaire de l'étranger, pour une multitude d'objets de consommation,
s'est noblement délivrée de cette funeste dépendance.

Non contente de cet affranchissement salutaire, elle
a porté ses produits sur tous les marchés de l'Europe.

Déjà elle était parvenue à y soutenir dignement la
concurrence d'un peuple qui avait voulu se faire le
fournisseur de tous les peuples. Lorsqu'une immense
combinaison politique vint lui prêter son secours.

Le blocus continental, système dont le nom seul
peint tout ce qu'une pareille tentative avait à la fois

de gigantesque et de ridicule , devait, suivant les conceptions de son auteur , ruiner le commerce anglais et donner à la France, en échange du commerce colonial et maritime dont elle était privée , le monopole exclusif de tout le continent. Le succès couronna d'abord cette entreprise ; succès d'un moment qui, en centuplant en France la production industrielle , devait encombrer tous nos marchés aussitôt que seraient fermés les immenses débouchés ouverts à notre commerce par les conquêtes de nos armées ; succès fâcheux pour notre avenir commercial, puisqu'il devait favoriser chez les peuples du continent , auparavant sans industrie et forcés de s'approvisionner chez nous , l'établissement de manufactures de toute espèce , et les mettre à portée de satisfaire eux-mêmes aux besoins de leur consommation intérieure.

Les Anglais , toujours si prévoyants et si éclairés lorsqu'il s'agit de leurs intérêts commerciaux , avaient bien prévu ces résultats ; ils sentaient le danger d'abandonner ainsi le continent à la France : ce fut un des reproches le plus fréquemment adressés à M. Pitt. La paix avec la France, en 1805 , aurait laissé à l'Angleterre, dit-on plus d'une fois dans le parlement, l'accès de la plupart des marchés du continent, au lieu qu'en suscitant sans cesse la guerre à Bonaparte, c'était, en le provoquant à des conquêtes , donner des occasions à son ambition et à sa fortune. Il reculait, à chaque guerre nouvelle, les bornes du territoire français ; il créait autour de lui des royaumes qui n'étaient que de nouvelles préfectures de son empire, et l'élan de l'industrie française se communiquant dans toutes ces possessions, c'était autant de débouchés.

fermés désormais au commerce de la Grande-Bretagne.

Cette prédiction s'est accomplie ; elle s'est accomplie au détriment de la France aussi bien qu'au détriment de l'Angleterre.

La Belgique, l'Italie, la Saxe, la Westphalie, la Hollande se sont couvertes de manufactures et d'établissements industriels de toute espèce. Il fallait se passer de l'Angleterre et du commerce maritime : les efforts furent égaux aux besoins ; la production fut bientôt au niveau de la consommation.

Mais quand le colosse fut renversé, quand l'équilibre fut rétabli en Europe, la France à son tour eut à souffrir des efforts qu'elle avait faits pour anéantir le commerce anglais et pour en expulser les produits de tous les marchés du continent, car la Belgique, l'Italie, la Hollande et tous ces royaumes qui avaient été des dépendances ou des provinces de l'empire français, purent se suffire à eux-mêmes, grâces aux immenses progrès que l'influence française y avait fait faire à l'industrie, et la France se vit elle-même presqu'entièrement bannie des marchés où auparavant elle était parvenue à soutenir la concurrence de l'Angleterre, et où elle eût continué à porter ses produits si, moins généreuse, elle n'y eût pas, pendant sa domination, naturalisé l'industrie et le goût de la fabrication.

Le mouvement que l'influence française et le système continental a imprimé à l'industrie des nations du continent se fait encore sentir aujourd'hui, et cela au détriment de notre industrie.

L'Italie se couvre de manufactures, la Belgique se suffit à elle-même ; dans toutes les parties de l'Allemagne on voit l'industrie se propager, et l'Espagne

même, toujours la dernière à suivre le mouvement
européen, sembla vouloir, sous le régime des Cortès,
s'affranchir de nos productions et ne devoir qu'à elle
seule les tissus nécessaires à sa consommation.

La législation de ces pays a secondé, par des prohibitions et des tarifs fâcheux pour notre commerce,
l'essor de l'industrie nationale.

De-là la gêne actuelle du commerce français et les
embarras que présage l'avenir.

Plus de débouchés au dehors, et, à l'intérieur, production tout-à-fait hors de proportion avec les besoins de la consommation.

Les efforts du gouvernement doivent nécessairement
tendre à rétablir l'équilibre si désirable du commerce.
On aperçoit cette volonté bienfaisante et tutélaire dans
ses différents actes et dans les projets qu'il annonce.

C'est à tous les citoyens, amis de leur pays, à
indiquer les remèdes que leur expérience a pu leur
suggérer. C'est le devoir que je viens accomplir, en
ce qui concerne le commerce des laines.

Si l'on consulte les divers mémoires rédigés en
1810 par les conseils de manufactures, et les différents
rapports présentés à cette époque au gouvernement,
sur l'éducation des troupeaux et la qualité des laines
en France, on verra qu'alors on récoltait des laines
fines qui égalaient en qualité celles de Saxe, de Moravie et du royaume de Léon.

Nos laines suffisaient alors aux besoins de nos manufactures, qui approvisionnaient l'Europe entière.

Les grands propriétaires avaient répondu avec zèle
à l'appel que leur avait fait à cet égard le gouvernement. Et ici il est impossible de ne pas payer un tribut

de reconnaissance à la mémoire du vertueux Louis XVI qui, par l'établissement de la ferme expérimentale et du troupeau de Rambouillet, donna un si bel exemple aux grands propriétaires de son royaume.

Les propriétaires s'étaient associés avec leurs fermiers pour multiplier leurs troupeaux, augmenter ou améliorer les pâtures, favoriser le croisement des races et en perfectionner l'éducation. De-là, l'amélioration de nos laines et les progrès immenses de l'agriculture.

C'est alors qu'on put apprécier les ressources qu'offraient en France, à l'éducation des troupeaux, les fertiles contrées de la Beauce, de la Brie, de la Sologne, du Berry et du pays de Caux.

Cet état florissant de notre commerce de laines est-il le même aujourd'hui ?

Un mémoire présenté au gouvernement en 1823, par la chambre consultative des manufactures de la ville d'Elbeuf, se termine par les assertions suivantes :

« Les laines françaises ne réunissent pas encore les qualités requises pour la fabrication de nos divers tissus.

» En supposant que, prises en masse, elles soient plus que suffisantes pour nos besoins, elles ne peuvent remplir le but, prises isolément dans chaque qualité.

» Les qualités qui peuvent être mises en concurrence avec les laines étrangères, sont relativement plus chères que ces dernières. »

Et de ces faits les auteurs du mémoire concluent que « toute mesure qui tendrait à augmenter les droits d'importation des laines étrangères serait à la fois funeste au commerce, ruineuse pour l'agriculture et dangereuse pour l'industrie. »

A quoi attribuer, dans la récolte des laines fran-

(9)

çaises, ce changement désastreux qui nous rend tribu-
taires de l'étranger, et comment y porter remède?

Comme la production tend toujours à se mettre en
équilibre avec la consommation, si vous voulez connaître les causes d'une modification quelconque dans
la production, il faut les chercher dans les modifica-
tions que peut subir la consommation. Ainsi, pour
les laines, lorsque les manufactures de l'intérieur de
la France fournissaient le continent tout entier de
tissus de laines, les propriétaires de troupeaux avaient
tout fait pour approvisionner nos marchés suivant les
besoins de nos manufactures. De-là, la finesse et le
moelleux des toisons qu'on remarquait dans le commerce vers 1810. Depuis, par la généreuse imprudence
de notre politique, les manufactures de tissus de laines
se sont multipliées en Belgique, dans nos départements
sur le Rhin, et en Italie. Ces manufactures se sont
approvisionnées dans les marchés étrangers, en Saxe,
en Moravie, en Romanie. Leurs productions, entrant
en concurrence avec les tissus de nos manufactures de
l'intérieur, ont diminué nos débouchés. Les laines
fines moins demandées, moins payées par nos manufacturiers, ont en même temps été moins soignées par
les propriétaires.

C'est une des causes qu'on peut assigner à la dégé-
nérescence remarquée aujourd'hui dans le commerce.

Il en est une autre cause encore.

Les propriétaires de troupeaux, croyant à la fois
augmenter le poids des toisons et le nombre de leurs
moutons, ont (suivant l'expression triviale) *poussé
de nourriture* leurs troupeaux. Par là ils portaient à
la propagation leurs béliers et rendaient les toisons

plus épaisses ; mais en même temps qu'ils augmentaient ainsi leur récolte de laine , ils ne produisaient plus qu'une laine plus dure et moins propre à donner le soyeux qu'exigent les qualités supérieures de tissus (1).

C'est à ces deux causes qu'il faut attribuer la disette de laines fines où la France se trouve aujourd'hui réduite.

Nos manufactures qui , en 1810, l'emportaient dans tous les marchés du continent sur l'étranger, par la finesse de leurs tissus , le cèdent aujourd'hui en qualité aux tissus étrangers , lorsqu'elles ne mettent en œuvre que des laines nationales. C'est par la perfection du tissage que nos produits dominent ; si, sous ce rapport, l'industrie étrangère parvenait à les égaler, ce serait une grande plaie pour l'état, en même temps que pour le commerce, puisque les revenus du trésor seraient considérablement diminués.

Et ici l'on peut signaler encore un des résultats du système continental et une des combinaisons de la politique anglaise.

La Saxe, la Romanie et la Moravie, pays où la qualité

---

(1) La vente des moutons à la boucherie est aussi une des causes qui porte les cultivateurs à préférer les moutons à laine commune aux moutons à laine fine : les uns étant plus forts, et les autres plus petits, ceux-là se vendent un prix beaucoup plus élevé que ceux-ci. Il conviendrait donc de différencier l'impôt que les différentes races payent à l'entrée. Les moutons à laine fine payeraient moins, les moutons à laine commune payeraient davantage. Cette différence dans l'impôt en faisant cesser l'avantage que les cultivateurs trouvent aujourd'hui à élever de préférence des moutons communs, les ramènerait à l'éducation des belles races. A ce premier moyen on joindrait en outre des primes d'encouragement ; ce serait un double motif pour les propriétaires de troupeaux de soigner l'amélioration des races.

des laines est si belle et si florissante, se contentaient autrefois d'utiliser leurs avantages à cet égard, les particuliers, en portant leurs laines dans les marchés étrangers; le trésor, en percevant un droit à la sortie sur les toisons exportées. Aujourd'hui des manufactures de tissus de laines y sont établies, et, pour en favoriser les produits, le gouvernement a frappé d'une interdiction absolue l'exportation des laines de première qualité, de sorte que l'industrie française est privée de cette ressource.

La politique anglaise lui en a ravi une autre en accaparant en Espagne toutes les laines fines, et en achetant à l'avance, pour dix ans, la récolte des plus beaux troupeaux de ce pays : mes relations commerciales m'ont donné la preuve de ce fait.

C'est donc une incontestable nécessité pour le gouvernement de prêter une main secourable à l'industrie dans la situation critique où elle se trouve placée.

L'exubérance de produits que présentent aujourd'hui nos marchés ne peut en imposer qu'aux hommes superficiels. Aux yeux de celui qui a acquis l'expérience de l'économie commerciale, c'est un signe certain de décadence et d'embarras.

Je ne m'arrêterai pas à démontrer combien la fabrication des tissus de laine mérite la protection du gouvernement. Je ne citerai pas, à cet égard, l'exemple de l'Angleterre où les lois les plus sévères ont été, à diverses reprises, décrétées par le parlement, tant pour assurer la conservation des matières premières, que pour favoriser la consommation des tissus (1), et

______

(1) Blackstonne, Lois criminelles, ch. 12.

où le chancelier siège à la chambre des pairs sur un ballot de laine. — Qui pourrait nier la nécessité de cette protection ? Qui a besoin de pareils exemples ?

Voici sur quels points j'appelle la sollicitude éclairée de MM. les membres du conseil supérieur et du bureau des colonies et du commerce.

Le moyen le plus efficace de rouvrir les marchés étrangers à nos tissus de laine, c'est de les porter, tant par l'excellence des matières premières que par la supériorité de la main d'œuvre, au plus haut degré possible de perfection. Voilà pour les qualités supérieures : pour les qualités inférieures, c'est de les établir au plus bas prix possible.

Voilà les moyens de vaincre la concurrence et d'atteindre une honorable prépondérance dans l'étranger.

La main d'œuvre ne peut guère être perfectionnée en France. C'est donc surtout vers l'amélioration des laines que le gouvernement doit diriger tous ses efforts.

Les laines ordinaires, récoltées en France, suffisent aux besoins de la fabrication des tissus de seconde et de troisième qualité. Il n'en est pas de même des laines de qualité supérieure. On a vu dans l'extrait ci-dessus du mémoire de la chambre consultative des manufactures d'Elbeuf, que ces qualités étaient loin en France de pouvoir soutenir la concurrence des laines fines de Saxe.

A cet égard, les manufacturiers d'Elbeuf avancent que l'emploi des laines étrangères peut seul maintenir aujourd'hui notre supériorité dans la draperie fine ; supériorité qu'en 1810 nous ne devions qu'à l'emploi des laines nationales ; « nous en priver, disent-ils, serait nous ôter les moyens de la soutenir. » C'est pourquoi ils s'opposaient, dans le mémoire

cité, à toute augmentation des droits d'importation
de ces laines, « parce qu'une augmentation quelconque équivaudrait à une prohibition. »

Nous laissons ici de côté cette question qui se rat-
tache à d'autres combinaisons, et qui demanderait
d'autres développements. Pour nous, nous pensons
que c'est du sein même de la France et non de
l'extérieur que nous devons nous efforcer de tirer les
ressources nécessaires pour la fabrication de la draperie de luxe. La supériorité de nos manufactures,
en cette partie, est d'autant plus importante à soutenir, que notre belle draperie est la base de nos expor-
tations en général. C'est elle qui favorise l'écoulement
des autres tissus, soit par les relations déjà établies
à l'étranger, soit par l'achat des étrangers dans l'intérieur de la France. C'est donc vers l'amélioration
de nos laines que tous les efforts doivent se diriger;
mais cependant si, dans l'état actuel de nos troupeaux,
il était reconnu que notre draperie de luxe ne peut
trouver les matières premières qui lui sont indispen-
sables, comme il est surtout nécessaire de favoriser
cette partie de nos produits industriels pour soutenir
la concurrence avec les tissus étrangers et ne pas ha-
bituer les autres peuples à se passer de nous à cet
égard, peut-être conviendrait-il de ne pas interdire
à nos manufacturiers, par des prohibitions absolues
ou par des droits d'entrée trop considérables, l'emploi
des laines fines étrangères.

Surtout l'admission de ces laines dans nos marchés
aurait pour résultat d'entretenir l'émulation des
propriétaires de troupeaux. Cette émulation a besoin
d'être réveillée, car nous avons dit plus haut que

l'éducation des troupeaux est loin d'être aujourd'hui chez nous ce qu'elle était il y a quinze ans, et, si l'on affranchissait nos propriétaires de cette concurrence salutaire, il serait à craindre de les voir de plus en plus préférer l'abondance des récoltes à la qualité des toisons. Ce qui acheverait de priver nos fabriques de laines fines et finirait par exclure nos tissus des marchés, étrangers en nous privant du seul moyen qui nous reste de maintenir notre supériorité industrielle ou du moins de soutenir avantageusement la concurrence.

Il faut le dire : une surveillance de tous les jours, une activité sans relâche est nécessaire pour entretenir chez nous la prospérité des troupeaux. Trop souvent parmi nos cultivateurs l'indolence ou l'esprit de routine a présenté aux améliorations une injuste résistance. Colbert lui-même ne put parvenir à la vaincre, et malgré les nombreux mérinos qu'il fit importer en France, de Saxe et d'Espagne, et qu'il distribua gratuitement chez un grand nombre de propriétaires, il ne pût acclimater alors en France ces races précieuses. Les obstacles que ne purent vaincre les efforts de ce protecteur éclairé de l'industrie nationale subsistent encore aujourd'hui en grande partie, et une constante application à les surmonter peut seule les faire disparaître entièrement.

Perfectionner l'industrie agricole, en ce qui concerne les troupeaux ; encourager le croisement des races dans certaines localités, l'éducation des races pures de mérinos dans certaines contrées ; parcourir les départements pour visiter les troupeaux ; répandre les instructions nécessaires pour prévenir les épizooties ; préparer de bonnes récoltes de laines, ou fines, ou intermédiaires, ou communes; proposer au gouvernement, suivant l'exigence des cas et les besoins du commerce, les mesures qui peuvent favoriser l'importation ou l'exportation de certaines qualités; en un mot, seconder, par tous les moyens possibles, l'amélioration des laines nationales : voilà le but que l'on doit se proposer.

Le moyen d'y parvenir serait de nommer un inspecteur-général des laines, qui veillerait ainsi sans cesse pour le maintien de cette partie si essentielle de notre prospérité agricole et commerciale.

On peut dire du commerce des laines en particulier, ce que Son Excellence M. de Villèle a si bien dit du commerce en général, dans son rapport sur l'ordonnance du 6 Janvier 1824. « Soumis à une multitude d'influences qui naissent de la mobilité des circonstances, soit au dedans, soit au dehors, le commerce est de tous les intérêts sociaux de plus variable, celui qui veut être observé avec le plus de constance, aidé avec le plus d'à propos, et l'on doit chercher à connaître ses besoins au moment même où ils se manifestent, et à y pourvoir avec promptitude et discernement. » Un inspecteur-général, parcourant sans cesse nos manufactures, nos marchés et nos communes rurales, recueillant partout des renseignements sur l'état des troupeaux et les besoins de la fabrication, peut seul mettre le gouvernement à portée de pourvoir à temps à tout et de prendre les mesures nécessaires. L'établissement de cette place ne serait nullement onéreux au trésor; on alloucrait à l'inspecteur un droit d'un ou de quelques centimes par chaque tête de bétail, de sorte que les propriétaires de troupeaux soutiendraient ainsi, d'une manière insensible pour eux, les frais d'une place qui aurait pour leurs intérêts les plus favorables résultats. Ajoutez que l'excédant du produit de cet impôt pourrait être appliqué à des primes d'encouragement, de sorte que les cultivateurs qui, par leurs soins pour leurs troupeaux, auraient répondu aux efforts du gouvernement vers l'amélioration des laines, recouvreraient ainsi avec usure la légère rétribution qu'ils auraient payée.

Nous croyons donc que la création de cet office est digne d'être réalisée par un ministère qui comprend « combien les intérêts commerciaux agissent puissamment sur les destinées des peuples » (1), et qui, pénétré de cette pensée salutaire, veut environner de toute sa protection « ces premiers éléments de la prospérité des sujets et de la gloire des souverains. » (2)

Nous pensons qu'en proposant au gouvernement cette mesure vraiment utile, le conseil supérieur du commerce remplirait le but de son institution et mériterait bien de l'industrie agricole et manufacturière.

RATIEUVILLE fils aîné,
fabricant de draps à Elbeuf.

---

(1) Rapport au Roi. Préambule de l'ordonnance du 6 Janvier 1814.
(2) *Ibid.*